餐饮行业职业技能培训教程

阳信权 主编

图解食品技艺雕刻

餐饮行业职业技能培训教程

中国轻工业出版社

图书在版编目（CIP）数据

图解食品雕刻技艺 / 阳信权主编. —北京：中国
轻工业出版社，2023.2
餐饮行业职业技能培训教程
ISBN 978-7-5184-4093-1

I.①图… II.①阳… III.①食品雕刻—技术培训—
教材 IV.①TS972.114

中国版本图书馆CIP数据核字（2022）第145553号

责任编辑：贺晓琴　　　　责任终审：张乃东　　整体设计：锋尚设计
策划编辑：史祖福　贺晓琴　　责任校对：宋绿叶　　责任监印：张　可

出版发行：中国轻工业出版社（北京东长安街6号，邮编：100740）
印　　　刷：艺堂印刷（天津）有限公司
经　　　销：各地新华书店
版　　　次：2023年2月第1版第1次印刷
开　　　本：889×1194　1/16　印张：11
字　　　数：246千字
书　　　号：ISBN 978-7-5184-4093-1　定价：59.00元
邮购电话：010-65241695
发行电话：010-85119835　传真：85113293
网　　　址：http://www.chlip.com.cn
Email：club@chlip.com.cn
如发现图书残缺请与我社邮购联系调换
220517J4X101ZBW

兰明路 / 技术顾问

全国技术能手，享受国务院特殊津贴专家，世界中餐业联合会名厨委副主席，世界厨师联合会国际评委，中国烹饪协会名厨委常务副主席，注册中国烹饪大师，全国餐饮业评委，四川省烹饪协会副会长。

食品雕刻的起源历史悠久，蕴含着中华民族的智慧，也是各大烹饪比赛领域中不可缺少的一部分，被外国友人誉为"东方饮食艺术的明珠"。

本书作者阳信权先生，经过多年对食品雕刻教学经验的积累，形成了新一派的写实风格，并将所有的创新手法，全部融入本书作品当中，是广大食雕爱好者的福音。

本书编委会

主　　编　阳信权
副 主 编　许志雄　但俊良　郑云海　刘世行　王本军
编　　委　张　浩　郑博文　吕志旭　李坤洋　刘小辉　刘进军
　　　　　魏同豪　宝全喜　范校圩　姜秀超

作者简介

阳信权 / 主编

　　四川省成都市人，高级艺术教导师，高级技师，艺术学院特聘专家，技能大赛评委，新一代食品雕刻写实派领军人物，成都风向标雕塑艺术培训基地创始人。亲自设计制作的食品雕刻工具获得多项国家专利，曾出版书籍《精品食雕制作技术》。有着15年的教学培训经验，形成了一套独特的教学模式，可以让学员在很短的时间就能掌握技术要点。期间培养了上千名优秀学员，有很多优秀学员也开办了自己的培训工作室，有的选择去职业院校做了专业的雕刻老师。

许志雄 / 副主编

　　云南省昭通市人，特级厨师，厨政管理师。多次参与国宴的制作与管理，现任多家高级酒店技术总监，有着丰富的厨政管理经验。2021年跟随雕刻大师阳信权先生学习食品雕刻、泡沫雕、面塑、糖艺。同年拜阳信权大师为师，在学习期间熟练地掌握了各种制作手法技巧，特别是对食品雕刻、面塑、糖艺有着自己独特的见解。

但俊良 / 副主编

四川省仁寿县人，特级烹调师、厨政管理师，多次参与国宴的制作与管理，现任多家高级酒店技术总监，有着丰富的厨政管理经验。2009年跟随雕刻大师阳信权先生学习食品雕刻、面塑、泡沫雕刻，2021年荣获四川省第五届传统文化比赛特金奖。

郑云海 / 副主编

浙江省杭州市人，2021年跟随雕刻大师阳信权先生学习食品雕刻，杭州郑云海食品造型工作室创办人，精通食品雕刻、花色冷拼、泡沫雕刻、糖艺制作。高级烹调师。曾多次获得烹饪艺术类大赛的金牌。

刘世行 / 副主编

山东省菏泽市人，2021年跟随雕刻大师阳信权先生学习食品雕刻。在学习期间熟练地掌握了食品雕刻、面塑、糖艺的各种制作手法技巧。

王本军 / 副主编

山东省蒙阴县人，中式烹调师高级技师。荣获中华金厨奖、全国餐饮高技能人才奖、山东省技术能手、临沂市沂蒙首席技师、临沂市技术能手、临沂市青年岗位能手、临沂市劳动之星、临沂市振兴沂蒙劳动奖章等荣誉称号。2021年跟随雕刻大师阳信权先生学习食品雕刻。

前言

中国食品雕刻艺术历史悠久，随着时代的发展进步，其独特的风格、精湛的刀法、漂亮的造型赢得了众多食客的喜爱，食品雕刻技艺已经成为我国餐饮行业中重要的食品装饰手段。

自2010年同许君先生共同出版了《精品食雕制作技术》一书之后，受到了全国食品雕刻爱好者及各大院校食品雕刻老师的一致好评。转眼间，时间已经过去了12年之久，由于我们食品雕刻技艺的升级、作品造型的提升，使得作品更加写实、有活力。全国很多食品雕刻爱好者都期待我根据升级版的食品雕刻手法，重新编写一本食品雕刻图书。经过再三考虑，我带领团队和优秀学员，根据平时上课的内容，借鉴第一本书的制作框架，花费了一年零两个月的时间编写了这本书。鉴于本书的教材性质，故以基础知识为主，共有1000多幅步骤图，从简单的花卉到复杂的动物、人物都设计了独特的造型，可以很好地让零基础的学员也能够跟着步骤图逐渐掌握技艺。本书的作品图既有食材的本色，也有上色后的效果展示，每个人可以根据需求来决定该作品是否上色。

本书结构清晰，循序渐进，内容全面丰富，是烹饪院校及食品雕刻行业培训机构的专业教材。

由于水平有限，书中难免有不足之处，望广大读者及同行批评指正。

2022年5月18日　成都

目录

第三部分　　**部分作品欣赏**

第一部分

食品雕刻基础知识

一、食品雕刻的刀具

　　食品雕刻的工具种类繁多，一般是根据雕刻师的手法和一些特殊要求而定。现在的食品雕刻工具种类繁多，在市场上也有所不同。以作者自主设计制作的刀为例，大致分为以下几种。

1．主刀

　　主刀又名手刀，是雕刻工具组里最重要的组成部分，开大形和修饰细节都离不开它。现在雕刻界的手刀款式、型号可以说是琳琅满目，但一般都是根据自己的用刀习惯和爱好来选择。一般选择刀长6.5厘米、柄长12厘米，并且刀柄的设计也极其讲究，手感是非常重要的，这样才能运用灵活。

2．戳刀

　　U型戳刀的长短不一，用处很特别，它拥有手刀所没有的U型弧线。小号U型戳刀一般用于处理细节和动物的血管、肌肉及鸟类的翅膀、羽毛等。一般利用U型戳刀的U型弧线和宽度来开大形或定一些大作品的线条，这样定出的线条或大形就会比较标准自然。V型戳刀共有三把六个型号，一般在工具组里用得较少，主要用于禽鸟的尾羽、小羽和一些假山石的制作。

3．拉刻刀

　　拉刻刀的前身本是泥塑工具，随着时间的推移和雕刻技术的进步，现在已演变成了雕刻人物衣服与雕刻动物的主要工具，其中一把V型的拉刻刀主要用于制作禽鸟的绒毛和毛发细线。拉刻刀的用途与戳刀大致相同，但它能处理戳刀处理不到的地方。

二、食品雕刻常用刀法

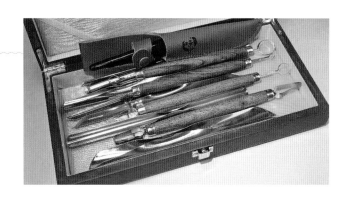

食品雕刻的刀法和手法都属于一整套的连贯性动作。要达到连贯、自如、流畅，那就要先了解握刀的方法和手法，这也只是一方面，主要的还是要初学者多揣摩和勤加练习。

1. 直刀削法

直刀削法一般是用来开大形料的，要求五指握住刀柄，当刀刃接触到原料的时候，用大拇指作为支点，这时大拇指应自然跷起来顶在原料上，以防划伤。

2. 滚料刀法

滚料刀法一般用于做圆球、圆柱，握刀方法和直刀削相同。

3. 戳刀法

戳刀法是用来戳一些线条或开大形使用。

4. 执笔刀法

执笔刀法是一种比较难掌握的刀法，作品的线条流畅与否，就在于对执笔刀法的掌握。这种刀法一般用于拉刀、划刀、套刀、戳刀。

5. 划线刀法

划线刀法用得最多，图中就是以拉刻刀的V型端拉出细线，比如禽鸟的绒毛。

三、食品雕刻常用原料

食品雕刻的原料一般都选用可以食用并且无毒无害的根茎类原料和瓜果类原料。选用原料时要注意：根茎类原料不能太硬，也不能过于松软，颜色应纯净；瓜果类原料以内实不空心，颜色鲜艳者为佳。能用来雕刻的原料很多，由于各地的原料都有差别，雕刻时应根据当地实际情况进行市场选料。常用原料大致可分为以下几种。

1. 南瓜

南瓜是葫芦科南瓜属植物，因产地不同，叫法各异，又名麦瓜、番瓜、倭瓜、金瓜。南瓜在我国各地都有栽种，是夏秋季节的瓜菜之一，未成熟之前瓜肉呈绿色，熟透之后则呈金黄色。

南瓜是食品雕刻的首选原料，因为它的实心部分比较多，肉质厚实，其种类繁多，有弯的、长的、圆的等，颜色纯净，是雕刻禽鸟、人物的上佳材料。

2. 芋头

芋头叶片呈盾形，叶柄长而肥大，呈绿色或紫红色。植株基部形成短缩茎，逐渐累积养分成肥大肉质球茎，称为芋头或母芋，有球形、卵形、椭圆形或块状等。

能用来雕刻的芋头种类有很多，比如四川和云南产的人头芋、广西的荔浦芋头、湖南的槟榔芋，其中最适合做雕刻的还是四川和云南产的人头芋，因为个头比较大，其颜色呈乳白色，极为纯净，用它做的动物、人物线条清晰。

3. 萝卜

萝卜又名莱菔。根肉质，有长圆形、球形或圆锥形，根皮为红色、绿色、白色、粉红色或紫色。全国各地均有栽培，品种极多，常见的有红萝卜、青萝卜、白萝卜、水萝卜和心里美等。

萝卜是常用的原料之一。它的颜色丰富，心里美萝卜肉质呈紫红色，而且比较有韧性，是雕花的绝好材料。红萝卜用来雕花颜色较好，也适合雕一些小鸟或小东西，用来做盘饰。青萝卜可以选择做水浪、云彩、树叶，单独制作作品也是很不错的。白萝卜也可以拿来做一些假山石，做仙鹤更是不错。

4. 红薯

红薯又名番薯、甘薯、山芋、地瓜、红苕、线苕、白薯、金薯、甜薯、朱薯、枕薯等。皮色发白或发红，肉大多为黄白色，但也有紫色。

红薯一般在雕刻上用得较少，因为肉质太脆，而且比较容易变色。一般用来做底座。

5. 莴笋

莴笋为菊科，属一年生或两年生草本植物，原产地中海沿岸，约在7世纪初经西亚传入我国，各地普遍栽培。莴笋分茎用和叶用两种，前者各地都有栽培，后者南方栽培较多，是春季及秋、冬季重要的蔬菜之一。

莴笋的颜色比较绿且有剔透感，一般用来做树叶、小草或云彩。

6. 西瓜

西瓜属葫芦科，原产于非洲。果实外皮光滑，呈绿色或黄色，有花纹，果瓤多汁，为红色或黄色。

一般选用黑美人西瓜（青黑色的皮）来做瓜灯，即在西瓜的表皮做上花纹和环环相扣的套环，并把瓜瓤掏空，在掏空的前提下留下少许红色瓜瓤，在里面点上蜡烛，烛光透过红色的瓜瓤形成红色的光，非常漂亮。

第二部分

食品雕刻制作图解

月季花

1. 在芋头上面依次均匀刻出相等的五个面。

2. 从上往下刻出椭圆花瓣的形状。

3. 依次刻出同样的五个花瓣。

4. 在两瓣的夹角位置刻出第二层花瓣的废料。

5. 刻出第二层花瓣的弧度。

6. 刻出第二层的第一瓣花瓣。

7. 用同样的方法刻出第二瓣。

8. 再用同样的方法刻出第三瓣。

9. 去掉废料。

10. 到花心的时候刀尖要往外倾斜。

11. 花心尽量低一些。

12. 注意花瓣之间的层次。

荷花

1. 在白萝卜上面斜刀切出一个面。

2. 用拉刻刀挖出荷花花瓣的弧面。

3. 取出花瓣整体大形。

4. 用主刀修去花瓣右边多余的废料。

5. 两边方法一样。

6. 侧面也要刻出花瓣的弧度。

7. 沿着花瓣的边缘，去掉多余的废料，让花瓣尽可能地薄一点。

8. 用砂纸将花瓣打磨光滑。

9. 可以用手将花瓣塑造成想要的形状。

10. 用同样方法做出其他的花瓣。

11. 取一块青萝卜，刻出荷花莲蓬的大形。

12. 用U型戳刀戳出莲蓬的纹路。

13. 用V型戳刀戳出细细的花蕊。

14. 用滚料刀法取出花蕊。

15. 在花蕊上面粘上一些小米，使其更加逼真。

16. 将花蕊包裹在莲蓬上面。

17. 将花瓣粘在莲蓬上面，荷花的第一层为六瓣。

18. 再从莲蓬的根部，粘接出荷花的第二层。

19. 粘接好以后，可以喷上一点粉红色。

牡丹花

1. 取一段胡萝卜并削出一个斜面。

2. 用大号拉刻刀往下掏出一个弧面。

3. 再拉出一个相同大小的弧面。

4. 取下牡丹花大形。

5. 再用主刀刻出花瓣上宽下窄的形状。

6. 用主刀刻出不规则花瓣边缘。

7. 用刀去掉边缘的废料，让花瓣做得更薄一些。

8. 侧面弧度效果如图。

9. 取一段青萝卜。

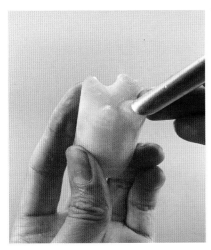

10. 用U型戳刀戳出花心大形。

11. 用V型戳刀戳出花蕊。

12. 用滚料刀法取下花蕊。

13. 粘上小米。

14. 再包裹起来。

15. 由里向外粘接出花瓣。

16. 继续粘接更多的花瓣。

17. 调整好花瓣角度即可。

白菜菊花

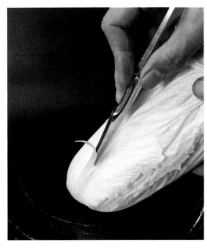

1. 准备一棵白菜，用V型戳刀，由上至下戳出菊花第一层。

2. 直到把第一片白菜叶子戳完，再取出里面多余的废料。

3. 注意每次下刀的力度，都要上轻下重，这样才容易翻卷。

4. 用同样的方法，依次把所有的叶子都刻完，直到花心为止。

5. 取废料时要小心，注意每刀都要形成一个夹角，这样才容易取出。

6. 花心的雕刻必须从白菜里面开始戳，这样才可以向内翻卷。

7. 取出的白菜废料，如图。

8. 将雕刻好的菊花放入水中。

9. 将泡水之后的菊花取出即可。

风带

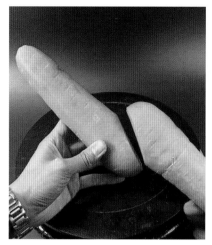

1. 准备好胡萝卜。

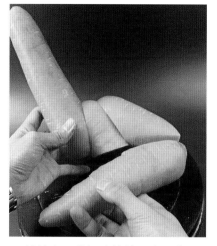

2. 粘接出风带扭动的第一个弧度。

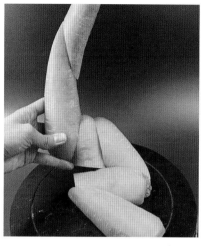

3. 继续粘接出风带摆动的弧度大形。

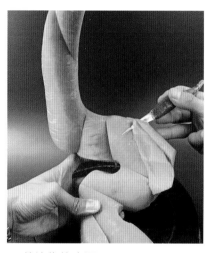

4. 将边缘修光滑。

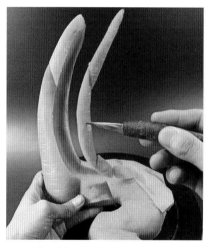

5. 用中号拉刀刻出第一个弧面。

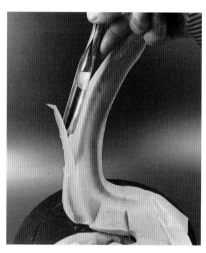

6. 继续用戳刀刻出侧面的弧面。

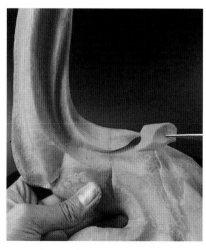

7. 用主刀沿着风带的边缘刻出第一个翻卷褶皱。

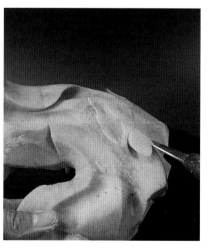

8. 再在反方向刻出第二个翻卷褶皱。

9. 取出废料。

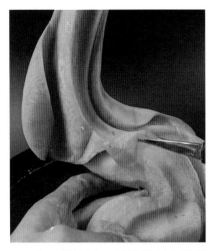

10. 在风带的另一侧继续刻出翻卷褶皱。

11. 取出废料。

12. 多做出一些翻卷褶皱。

13. 用拉刻刀刻出中间的层次。

14. 再取出中间废料。

15. 打磨光滑即可。

泰狮金鱼

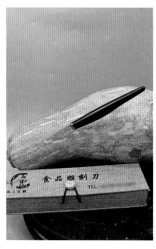

1. 准备好一个南瓜。

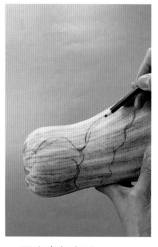

2. 画出金鱼大形。

3. 去掉上面多余废料。

4. 再去掉尾巴多余废料。

5. 用主刀刻出鱼鳃的弧度。

6. 画出头顶。

7. 再用拉刻刀加深。

8. 去掉下方废料。

9. 用中号拉刻刀刻出金鱼肚子，使其更加饱满。

10. 再用中小号拉刻刀刻出身体尾部。

11. 继续用中小号拉刻刀刻出鱼鳃。

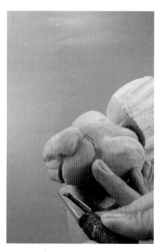

12. 定出嘴巴的宽度。

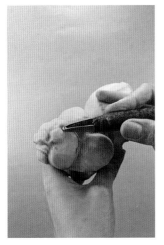

13. 将头顶分成一些不规则的形状。

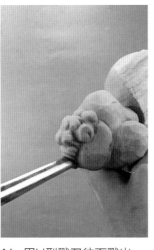

14. 用U型戳刀往下戳出嘴巴。

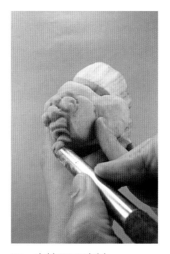

15. 去掉里面废料。

16. 用最小号拉刻刀刻出金鱼眼睛。

17. 用中号拉刻刀刻出尾巴的流线。

18. 逐渐加细。

19. 再粘接出尾巴下面一部分。

20. 去掉废料。

21. 继续将尾巴刻细。

22. 画出背鳍大形。

23. 去掉废料。

24. 用中号戳刀戳出背鳍的层次。

25. 再用主刀依次刻出鳞片。　　26. 用主刀刻出鱼鳍大形。　　27. 再用中小号拉刻刀刻出　　28. 装上鱼鳍即可。
鱼鳍的细线。

神仙鱼

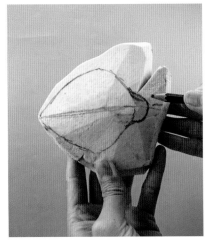

1. 取一个芋头，画出神仙鱼的身体
   大形，有点像菱形。

2. 再粘接出鱼鳍跟尾巴。

3. 去掉废料。

4. 用中号拉刻刀刻出身体轮廓。

5. 注意鱼的身体要凸出，鱼鳍尾巴都
   略低。

6. 用中号拉刻刀刻出鱼鳍大形的层次。

7. 再用中小号拉刻刀刻出细线。

8. 用主刀刻出上方的小刺。

9. 用U型戳刀戳出头顶。

10. 用最小的细线拉刻刀刻出鱼嘴
　　缝隙。

11. 将U型戳刀反过来戳到嘴巴里面。

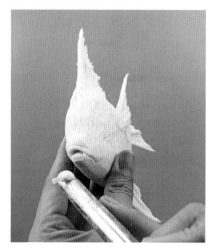

12. 再去掉一小块废料。

13. 画出半圆的鱼鳃轮廓。

14. 用中小号拉刻刀刻出眼睛。

15. 再戳出肚子。

16. 用最小的细线拉刻刀刻出鱼鳍的
　　细线。

17. 将鱼鳍粘接在鱼鳃后方。

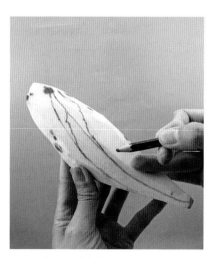

18. 画出下面的鱼鳍。

19. 将下面的鱼鳍取下来。

20. 装上所有鱼鳍。

21. 喷上柠檬黄色素。

22. 鱼鳍边缘喷上黑色色素。

23. 用笔画上黑色斑纹。

1. 取一个芋头，并粘接出麻雀头部
大形。

2. 用大号U型戳刀戳出脖子的位置。

3. 用主刀刻出麻雀头部的宽度。

4. 去掉前方胸部的废料。

5. 用笔画出头部大形。

6. 去掉下方废料。

7. 用中号U型戳刀戳出翅膀大形。

8. 粘接出尾巴大形。

9. 用主刀将尾巴刻窄一点。

10. 去掉后背绒毛的废料。

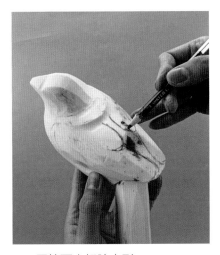

11. 用笔画出翅膀大形。

12. 用拉刻刀刻出翅膀轮廓。

13. 用中号拉刻刀刻出眼眶位置。

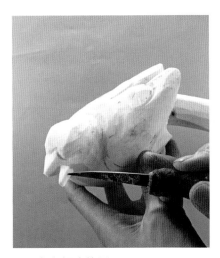

14. 定出额头位置。

15. 用最小号拉刻刀刻出嘴巴大形。

16. 去掉嘴角下方废料。

17. 用中小号拉刻刀刻出嘴角下方绒毛大形。

18. 再用小号拉刻刀刻出背部绒毛大形。

19. 用中小号拉刻刀刻出腹部绒毛大形。

20. 用最小号的细线拉刻刀将绒毛刻细。

21. 用笔画出羽毛的大致分布。

22. 用主刀依次刻出背部羽毛。

23. 用主刀刻出逐渐变长的飞羽。

24. 用主刀刻出尾部短羽。

25. 去掉尾巴多余的废料。

26. 用主刀将羽毛修整精细。

荷塘月色——金鱼

1. 取出一截胡萝卜。

2. 用戳刀戳出金鱼身体与尾巴的分界线。

3. 两边各戳一刀。

4. 上方也戳一刀。

5. 将头部位置削低一些。

6. 用大号戳刀戳出肚子轮廓。

7. 用拉刻刀刻出整个身体大形。

8. 在尾巴上方切出一个平面。

9. 粘接一块胡萝卜。

10. 两边再粘接一块。

11. 去掉多余废料。

12. 用拉刻刀刻出S形尾巴线条。

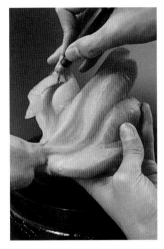

13. 两边也一样。

14. 继续刻出尾巴流线。

15. 注意线条要柔。

16. 去掉废料。

17. 再用小一号的拉刻刀，
　　将尾巴线条加细。

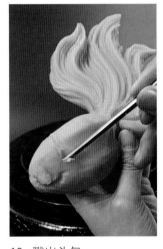

18. 戳出头包。

19. 去掉废料。

20. 将其分成更多不规则的
　　小块。

21. 刻出鱼鳃轮廓。

22. 将戳刀反过来戳出鱼嘴。

23. 去掉嘴巴下方废料。

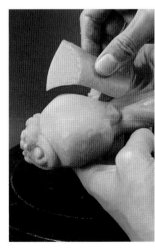

24. 粘接上背鳍。

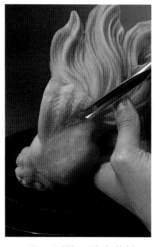

25. 注意背鳍要粘接出弧度。

26. 用U型戳刀戳出背鳍线条。

27. 将背鳍加细。

28. 打磨光滑。

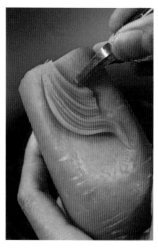

29. 刻出鱼鳞。

30. 用笔画出鱼鳍轮廓。

31. 再用拉刻刀细刻出线条。

32. 取出鱼鳍。

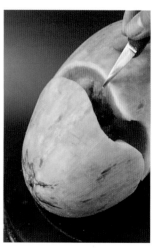

33. 组装上鱼鳍。

34. 准备一个西瓜。

35. 用砂纸打磨西瓜的表面。

36. 刻出荷叶轮廓。

37. 用勺子将里面的瓜肉取出。

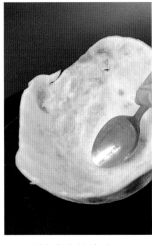

38. 刮掉多余的皮肉。

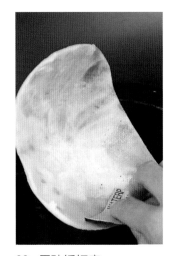

39. 用砂纸打磨。

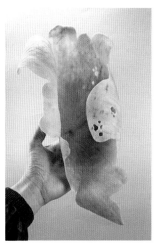

40. 荷叶成品。

41. 做出不一样的荷叶形状。

42. 将白萝卜粘接在一起。

43. 画出扇面的线条。

44. 取出废料。

45. 用胡萝卜粘出扇柄。

46. 放上第一条金鱼。

47. 在下方粘上水草。

48. 将荷花有层次的高低组装上去。

49. 装上第二条金鱼。

50. 装上第三条金鱼。

51. 装上荷叶。

52. 粘上一些小浮萍。

53. 荷花特写。

54. 金鱼特写。

翠鸟

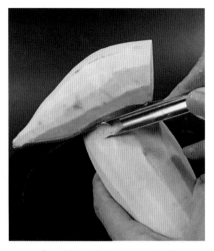

1. 取两截红薯，粘接出翠鸟头部大形。

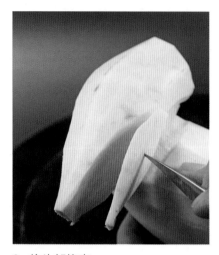

2. 用中号戳刀戳出头部跟身体的粘接位置。

3. 将头部修窄。

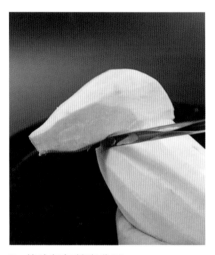

4. 定出头部长度，不要超过身体的宽度。

5. 将头部与前胸分开。

6. 用笔勾画出翠鸟嘴巴大形。

7. 定出额头。

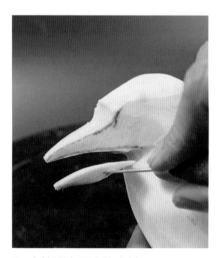

8. 去掉上方废料。

9. 去掉嘴壳下方的废料。

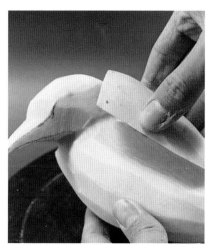

10. 翠鸟的后背要凸出来一些。

11. 翠鸟的特征是身体短小。

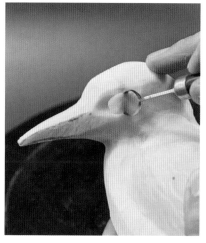

12. 用中号拉刻刀刻出眼眶大形。

13. 用中小号拉刻刀刻出脸部羽毛位置。

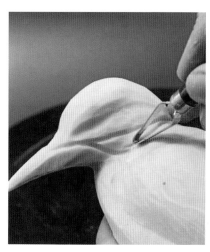

14. 用中小号拉刻刀刻出羽毛下方轮廓。

15. 用最小号拉刻刀刻出嘴角位置。

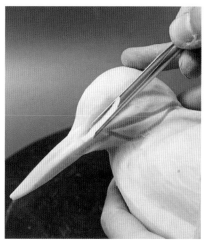

16. 用小号U型戳刀在嘴壳上戳一刀，让其更加有力。

17. 用中号拉刻刀在嘴壳下方也戳一刀。

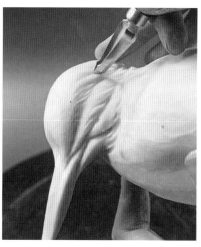

18. 用最小号拉刻刀刻出绒毛的细线。

19. 用主刀挑出鼻孔。

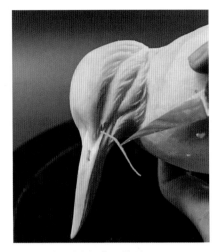

20. 用主刀刻出嘴巴缝隙。

21. 用最小号戳刀戳出眼睛。

22. 用最小号拉刻刀刻出背部绒毛的细线。

23. 再拉出侧面腹羽。

24. 将绒毛刻细。

25. 取出废料，让绒毛更加突出。

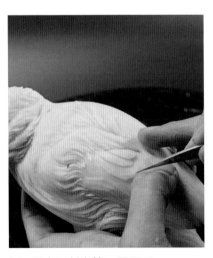

26. 用主刀刻出第一层羽毛。

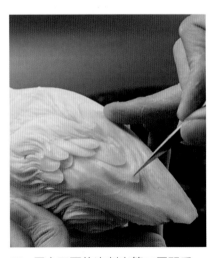

27. 用主刀再依次刻出第二层羽毛。

28. 尾巴特别短小。

29. 将羽毛开叉。

30. 装在荷花上即可。

31. 也可以喷上颜色，使其更加仿真。

鸟爪

1. 取一截红薯并粘接出鸟爪大形。

2. 用笔画出前面三个脚趾的位置。

3. 用拉刻刀刻出脚趾。

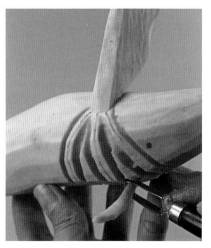

4. 刻出全部脚趾的大形。

5. 去掉脚趾中间的废料。

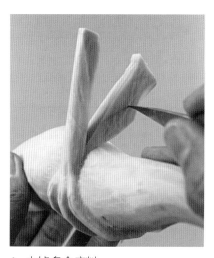

6. 去掉多余废料。

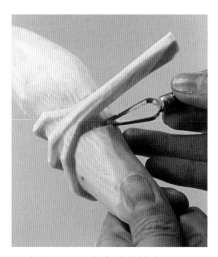

7. 刻出后面一个脚趾的轮廓。

8. 去掉两边废料，使其脚趾更加突出。

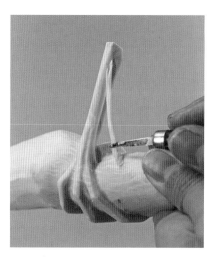

9. 用中小号拉刻刀刻出腿筋。

10. 刻出趾甲的位置。

11. 取出趾甲里面的废料。

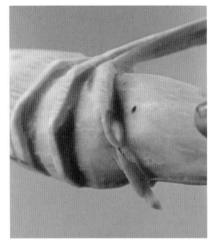

12. 将整个脚趾刻细。

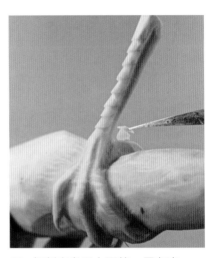

13. 细刻出鸟爪上面的一层老皮。

14. 将脚趾下面的肉垫修圆滑。

15. 去掉后方脚趾肉垫的废料。

16. 刻出后面脚趾的老皮即可。

虾趣——河虾

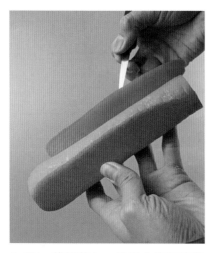

1. 取一截胡萝卜，修出上宽下窄的形状。

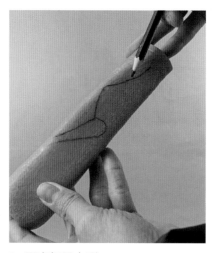

2. 画出虾子大形。

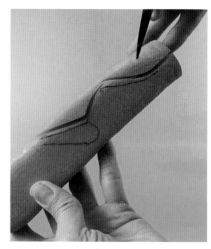

3. 去掉上面多余的废料。

4. 用中号U型戳刀戳出虾枪的位置。

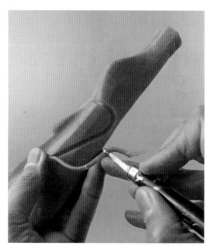

5. 用拉刻刀刻出虾头大形。

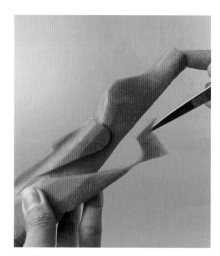

6. 去掉多余废料。

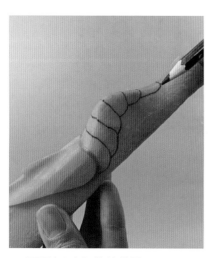

7. 再画出6个虾节的位置。

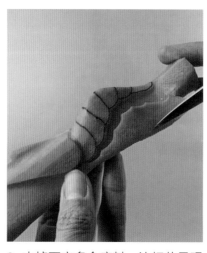

8. 去掉下方多余废料，让虾节呈现出来。

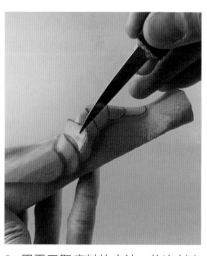

9. 用平刀取废料的方法，依次刻出虾节。

10. 刻出虾枪长度，并取出废料。

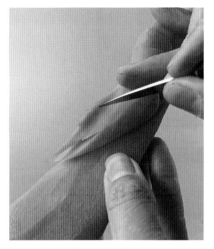

11. 注意虾枪一定要锋利。

12. 用最小号的U型戳刀戳出眼睛并取出废料。

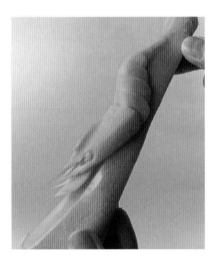

13. 用主刀细刻出头部的小刺。

14. 用主刀刻出5片虾尾。

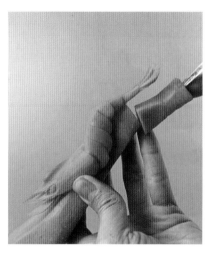

15. 去掉最后一截废料。

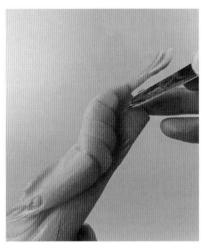

16. 注意最后一截不做虾腿。

17. 刻出虾腿并取出废料。

18. 依次取出虾腿之间的废料。

19. 用竹扦割出虾须即可。

20. 取一个南瓜，戳出鱼篓口子轮廓。

21. 用笔画出鱼篓编织的线条。

22. 取出里面的废料。

23. 取出全部镂空的废料。

24. 刻出鱼篓编织的形状。

25. 取一截白薯刻出一段枯树。

26. 喷上颜色更加仿真。

27. 做一个水浪。

28. 将鱼篓、水浪、枯树组装在一起。

29. 粘接出芦苇草。

30. 装上芦苇草。

31. 组装上虾即可。

年年有余——鲤鱼

1. 准备一些红薯。

2. 粘接出鲤鱼身体大形。

3. 用笔画出鲤鱼的背鳍线。

4. 再画出鱼鳃。

5. 用U型戳刀戳出鱼鳃。

6. 再用最大号的戳刀戳出肚子。

7. 画出鱼尾。

8. 去掉废料。

9. 刻出尾巴跟身体的分界线。

10. 刻出尾巴的大形。

11. 戳出鱼嘴。

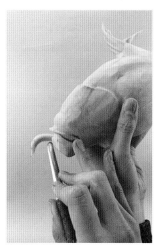

12. 再开出嘴巴。

13. 把U型戳刀反过来戳出嘴巴大形。

14. 去掉嘴巴里面的废料。

15. 刻出下嘴的厚度。

16. 粘接出背鳍大形。

17. 用戳刀把背鳍大形刻出来。

18. 再把线条刻细。

19. 尾巴线条继续刻细。

20. 刻出半圆形的鱼鳞。

21. 把头部打磨光滑。

22. 装上鱼鳍。

23. 用铁丝将两条鲤鱼穿起来。

24. 调整好角度。

25. 装上水浪。

26. 取一些小葱头的根须。

27. 再用青萝卜刻出浮萍，粘上根须。

28. 可以多做一些这样的浮萍。

29. 取一根胡萝卜，削出一个弧面。

30. 用拉刻刀刻出菊花花瓣大形。

31. 再用小号拉刻刀刻出花瓣里面的线条。

32. 取出花瓣。

33. 再将花瓣根部刻窄一些。

34. 刻出更多的花瓣。

35. 刻出花心。

36. 从里面开始由短到长将花瓣逐渐粘接起来。

37. 可以装得稍微凌乱一些。

38. 另外取一截芋头，刻出菊花叶子的茎脉。

39. 用笔画出叶子轮廓。

40. 刻出外圈的废料。

41. 取出叶子。

42. 装上菊花。

43. 装上水草。

44. 菊花特写。

45. 浮萍特写。

教子图——文身鲤鱼

1. 取一些红薯，粘接出鲤鱼身体大形。

2. 粘接出尾巴。

3. 再粘接出背鳍。

4. 文身鲤鱼可以尽量夸张一些。

5. 将鱼鳍线条刻细。

6. 用白萝卜粘接出一本有破洞的古书。

7. 让一条小鱼从破洞处钻出来。

8. 再配上一些牡丹花。

觅食——太平鸟

1. 取一截红薯，粘接出太平鸟的头部。

2. 将身体接宽一些。

3. 用中号U型戳刀戳出头部大形轮廓。

4. 用中号戳刀戳出额头。

5. 用中小号戳刀戳出太平鸟头顶羽毛的位置。

6. 去掉嘴巴里面的废料。

7. 再去掉嘴巴下方的废料。

8. 用中小号拉刻刀刻出太平鸟脸部绒毛大形。

9. 再用中小号拉刻刀刻出嘴巴下方绒毛的轮廓。

10. 用中号U型戳刀戳出背部绒毛大形。

11. 用最小号细线刀刻出绒毛细节。

12. 粘接出肚子。

13. 再粘接出尾巴。

14. 取一截小料粘接出翅膀尖。

15. 翅膀稍微留长一些。

16. 用中小号拉刻刀刻出腹部绒毛大形。

17. 用中小号拉刻刀刻出尾巴内侧绒毛位置。

18. 用主刀刻出第一层羽毛。

19. 用主刀刻出第二层逐渐变长的羽毛。

20. 再用主刀依次刻出飞羽。

21. 飞羽要越来越长。

22. 用细线刀刻出尾部绒毛。

23. 再用主刀刻出尾巴上的羽毛。

24. 取一个芋头，削出一个斜面。

25. 从中间戳一刀。

26. 用U型戳刀戳出叶子边沿的起伏。

27. 再刻出叶子的筋脉。

28. 刻出叶子轮廓。

29. 用中号拉刻刀挖出一些小果子。

30. 粘上小果子。

31. 装上太平鸟。

32. 把叶子喷上绿色色素。

33. 组装上叶子，并调整好鸟的角度。

34. 描上颜色使其更加仿真。

35. 装上爪子。

36. 调整好位置即可。

嬉戏——麻雀

1. 取两个红薯粘接出麻雀头部。

2. 用中号拉刻刀戳出头部与身体的分界线。

3. 用主刀刻出后背弧度。

4. 用主刀定出头部的宽度。

5. 用中号拉刻刀戳出额头。

6. 去掉嘴巴上面的废料。

7. 用中号拉刻刀戳出眼眶。

8. 用笔画出张嘴麻雀的嘴巴大形。

9. 取出废料。

10. 去掉嘴巴下方废料。

11. 用小号拉刻刀将嘴巴下方绒毛分开。

12. 用最小号拉刻刀细刻出头部绒毛。

13. 继续将脸部绒毛刻细。

14. 粘接出大腿。

15. 粘接出第二条大腿。

16. 将大腿刻细。

17. 刻出尾巴弧度。

18. 粘接出尾巴大形。

19. 飞起来的小鸟，尽量把尾巴做得宽一些。

20. 用中小号拉刻刀刻出腿部绒毛大形。

21. 用中小号拉刻刀刻出腹部绒毛大形。

22. 用最小号拉刻刀细刻出绒毛。

23. 尾巴内侧羽毛要从两边往中间雕。

24. 依次刻出羽毛。

25. 用主刀去掉尾部多余废料。

26. 尽量把羽毛刻得薄一些。

27. 用主刀将羽毛开叉。

28. 粘接出翅膀大形。

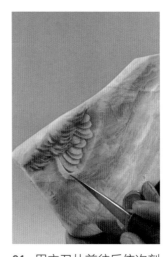
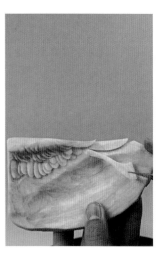

29. 用中号拉刻刀刻出翅膀根部绒毛轮廓。

30. 用细线刀刻出绒毛。

31. 用主刀从前往后依次刻出第一层羽毛。

32. 去掉下方废料。

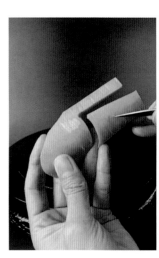

33. 用主刀依次刻出飞羽。

34. 用最细的拉刻刀刻出羽茎。

35. 依次刻出羽茎即可。

36. 用主刀刻出鸟爪大形。

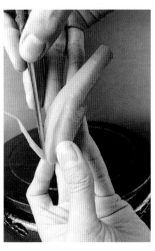

37. 用小号戳刀戳出三个脚趾的位置。

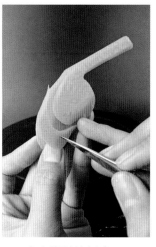

38. 定出脚趾的长度。

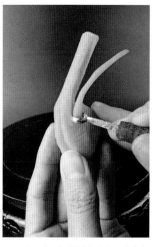

39. 用中小号拉刻刀刻出腿筋。

40. 取出脚趾下方废料。

41. 刻出三个脚趾。

42. 用竹扦将脚掌的肉垫戳一下。

43. 刻出上面的老皮。

44. 将两只打架的麻雀上下组装在一起。

45. 继续粘接出层次感。

46. 用拉刻刀刻出枯萎荷叶的形状。

47. 再组装上翅膀和爪子。

48. 注意整体的布局结构。

49. 再加上两只麻雀。

50. 局部特写。

51. 可以根据需要，适当添加一些颜色。

52. 整体效果。

守望——翠鸟

1. 取一个红薯，画出翠鸟身体轮廓。

2. 用中号拉刻刀戳出头部跟身体的分界线。

3. 去掉嘴下废料。

4. 去掉头顶多余废料。

5. 用中号拉刻刀刻出翠鸟眼眶位置。

6. 用中小号拉刻刀刻出下嘴角绒毛轮廓。

7. 用主刀刻出翠鸟嘴角的缝隙。

8. 用最细的拉刻刀细刻出肚子上的毛发。

9. 装上翅膀。

10. 注意两个翅膀的角度。

11. 装上一条小鱼。

12. 用同样的方法再刻一只。

13. 细刻出翅膀。

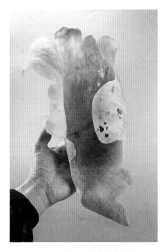

14. 用西瓜皮做出荷叶。

15. 拼接出石头大形。

16. 装上有机玻璃制作的水面。

17. 装上一只刚出水的翠鸟。

18. 装上芦苇。

19. 局部特写。

20. 水面翠鸟特写。

21. 水下翠鸟特写。

22. 加上颜色会更加逼真。

23. 水面与水下对比。

24. 整体上色后的效果。

相依相伴——红嘴蓝鹊

1. 取两截红薯，粘接出蓝鹊的头部大形。

2. 蓝鹊的身体要比麻雀稍微长一点。

3. 将肚子的弧度粘接饱满。

4. 定出头部位置。

5. 用中号戳刀戳出头部与身体的分界线。

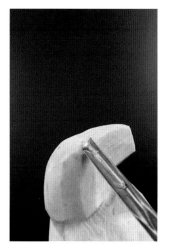

6. 注意蓝鹊额头要低一点。

7. 用中号戳刀戳出眼眶。

8. 蓝鹊的嘴巴要稍微长一点。

9. 用中小号拉刻刀刻出脸部绒毛位置。

10. 注意嘴角下方的绒毛。

11. 用细线刀将头部绒毛细刻。

12. 用画线刀刻出背部绒毛。

13. 刻出腹羽。

14. 刻出翅膀大形。

15. 依次雕出第一层的羽毛。

16. 注意翅膀羽毛的分布
层次。

17. 将两个翅膀刻完整。

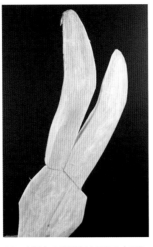

18. 粘接出蓝鹊的尾巴大形。

19. 尾巴根部有几根短的
羽毛。

20. 中间两根最长。

21. 去掉多余的废料。

22. 蓝鹊尾巴的长度是身
体的1.5倍。

23. 再粘接出另外一只蓝
鹊的头部大形。

24. 再粘接出尾巴。

25. 用主刀修出后背的弧度。

26. 尽量把头部压低。

27. 用主刀刻出头部宽度。

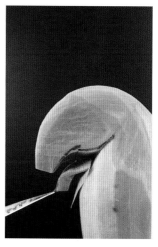

28. 嘴巴尽量贴住前胸，所以废料要少取一些。

29. 用中号戳刀戳出额头。

30. 去掉废料。

31. 用主刀将尾巴修窄。

32. 去掉下方废料。

33. 用中号戳刀戳出眼眶。

34. 用中号拉刻刀刻出头部跟身体的分界线。

35. 用中小号拉刻刀刻出脸部绒毛位置。

36. 用中小号拉刻刀刻出嘴角下方绒毛位置。

37. 再粘接出大腿。

38. 细刻出绒毛。

39. 腹羽要柔软。

40. 再次将绒毛刻细。

41. 刻出翅膀。

42. 细刻出羽毛上的羽茎。

43. 将蓝鹊放在墙上。

44. 加上鸟爪。

45. 再配上一只张开翅膀的
　　蓝鹊。

46. 用铁丝将蓝鹊撑起来。

47. 局部特写。

48. 喷上蓝色色素。

49. 在蓝鹊脖子喷上黑色色素。

50. 蓝鹊的嘴巴是红色的。

51. 涂上尾巴的颜色。

52. 局部特写。

53. 整体效果。

陪伴——蓝冠鸦

1. 准备好一些红薯。

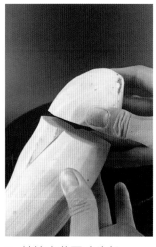

2. 粘接出蓝冠鸦头部。

3. 用中号戳刀戳出头部位置。

4. 用主刀将额头弧度刻出来。

5. 用中号戳刀戳出翅膀轮廓。

6. 粘接出大腿。

7. 用中号戳刀戳出眼眶。

8. 用笔大概画出嘴巴形状。

9. 取出嘴巴废料。

10. 再把嘴巴下方的废料去掉。

11. 嘴巴里面一定要够空。

12. 拉出脖子下方的绒毛轮廓。

13. 拉出绒毛大形。

14. 注意绒毛的柔软度。

15. 用中小号拉刻刀刻出脖
子下方的绒毛轮廓。

16. 用中小号拉刻刀刻出绒
毛的大形层次。

17. 做完一层羽毛，就要取
掉下面一层废料。

18. 再刻出第二层羽毛。

19. 用同样方法刻出飞羽。

20. 刻出翅膀上的羽毛。

21. 用主刀刻出翅膀上的第
二层羽毛。

22. 去掉废料。

23. 粘接出尾巴。

24. 将尾巴再粘接得宽一些。

25. 从中间往两边刻出尾巴羽毛。

26. 去掉下方废料。

27. 刻出羽茎。

28. 将羽毛开叉。

29. 注意羽毛层次要分明。

30. 可以再做一只。

31. 翅膀局部特写。

32. 组装上两个翅膀。

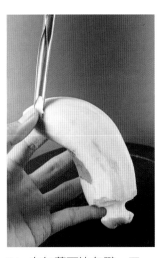

33. 取一个红薯。

34. 在红薯两边各戳一刀。

35. 粘接出石榴爆开的外壳大形。

36. 去掉废料。

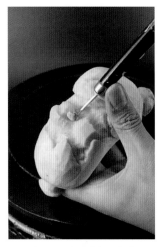

37. 刻出不规则的石榴籽大形。

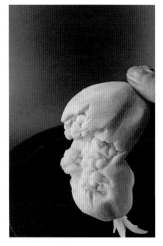

38. 将石榴籽刻细。

39. 多做几个石榴。

40. 取一个芋头，削出一个斜面。

41. 用U型戳刀戳一刀。

42. 在中间戳出筋脉。

43. 石榴的叶子要窄小一点。

44. 取下叶子。

45. 将叶子喷上绿色色素。

46. 将石榴上色。

47. 准备好底座。

48. 从尾巴的位置加一节铁丝。

49. 装上鸟爪。

50. 装上另外一只。

51. 装上两个爪子。

52. 局部特写。

53. 喷上蓝色色素。

54. 将嘴巴喷成黑色。

55. 成品效果。

长相厮守——鹦鹉

1. 准备好白萝卜。

2. 把头部修窄。

3. 戳去一块废料，准备衔接嘴巴。

4. 取一块紫薯，粘接在头部的位置。

5. 头顶粘接一块原料。

6. 把翅膀粘接宽一点。

7. 再粘接出尾巴大形。

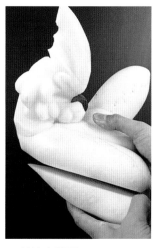

8. 粘接出肚子。

9. 用U型戳刀戳出翅膀上的羽毛轮廓。

10. 刻出翅膀的羽毛。

11. 刻出尾巴。

12. 把整个身体上的羽毛雕刻出来。

13. 去掉多余废料。

14. 局部特写。

15. 粘接出头顶红色羽毛。

16. 再多装一些红色羽毛。

17. 再取一个白萝卜。

18. 刻出前胸的弧度。

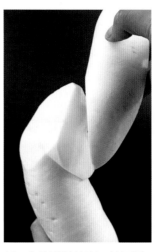

19. 在头顶粘接出一块原料。

20. 去掉多余废料。

21. 用U型戳刀戳出粘接嘴巴的位置。

22. 另取一块紫薯，粘接出嘴巴。

23. 修出嘴巴弧度。

24. 拉刻出脸部羽毛轮廓。

25. 细刻出羽毛。

26. 粘接出鹦鹉肚子。

27. 把翅膀接宽。

28. 粘接出两边翅膀。

29. 定出肚子轮廓。

30. 再戳出腹部羽毛的层次大形。

31. 戳出翅膀羽毛轮廓。

32. 刻出翅膀羽毛。

33. 羽毛层次要分明。

34. 将头部羽毛刻薄。

35. 用胡萝卜刻出羽毛，粘接在头顶。

36. 注意羽毛层次。

37. 再准备好一个房檐底座。　38. 装上鹦鹉。　39. 调整好角度。

相亲相爱的一家子
——麻雀

1. 准备好一截红薯，粘接出头部。

2. 刻出胸部的弧度。

3. 用U型戳刀戳出头部与身体的分界线。

4. 另一边也戳出分界线。

5. 用主刀刻出头顶。

6. 用主刀刻出头部的宽度。

7. 用U型戳刀戳出额头。

8. 用主刀刻出嘴巴，并去掉嘴巴下方的废料。

9. 用U型戳刀戳出眼眶。

10. 用中号拉刻刀刻出脸部轮廓。

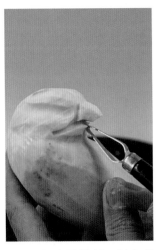

11. 再用中号拉刻刀刻出嘴巴下方绒毛位置。

12. 再用主刀把嘴巴修窄一些。

13. 用中小号戳刀戳出绒毛轮廓。

14. 用中号戳刀在嘴壳上面戳一刀。

15. 用最小的细线刀将头顶的绒毛刻细。

16. 再用最小的细线刀将脸部绒毛刻细。

17. 继续将嘴巴下方绒毛刻细。

18. 用主刀在嘴巴下方三分之一处刻出鸟嘴缝隙。

19. 用中小号戳刀戳出眼睛。

20. 用中小号戳刀戳出后背绒毛大形。

21. 用最小的细线刀把背部绒毛刻细。

22. 刻出翅膀轮廓。

23. 在肚子下方粘接一块原料。

24. 去掉多余废料。

25. 粘接出尾巴大形。

26. 将尾巴修窄。

27. 刻出第一层绒毛。

28. 将肚子下方绒毛刻细。

29. 用笔画出翅膀上羽毛的
分布位置。

30. 依次刻出羽毛。

31. 再刻出不规则的第二层
羽毛。

32. 刻出飞羽。

33. 注意羽毛层次。

34. 中间羽毛最高。

35. 细刻出毛发即可。

36. 刻出底座。

37. 可以将叶子喷上颜色。

38. 给树枝喷上颜色。

39. 装上小鸟。

40. 可以将麻雀上色。

41. 局部特写。

42. 多做几个麻雀姿势造型。

43. 装上野果子即可。

锦鸡头部

1. 准备好两根胡萝卜。

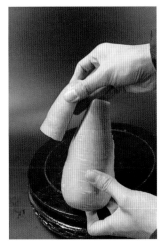

2. 粘接出头部。

3. 用中号戳刀戳出额头。

4. 用主刀刻出头顶，并去掉上方废料。

5. 用主刀修出头部的宽度。

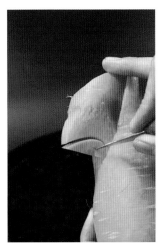

6. 用主刀去掉头部下方废料。

7. 用中号戳刀戳出头部的位置。

8. 用中号戳刀戳出眼眶位置。

9. 粘接出头部后面的羽毛轮廓。

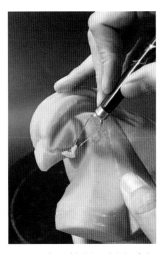

10. 用中号拉刻刀刻出脸部轮廓。

11. 用主刀将嘴巴修窄。

12. 用中小号戳刀戳出嘴巴下方的绒毛轮廓。

13. 用中号戳刀戳出鼻孔位置。

14. 用主刀刻出嘴的缝隙。

15. 用最小号拉刻刀刻出眼睛轮廓。

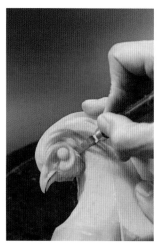

16. 用最小的细线刀将头顶绒毛刻细。

17. 用竹扦插出毛孔。

18. 粘接出头顶羽毛大形。

19. 颈部羽毛呈方形。

20. 注意层次。

21. 细刻出羽毛即可。

1. 取几截红薯，粘接出锦鸡头部。

2. 把身体粘接粗一些。

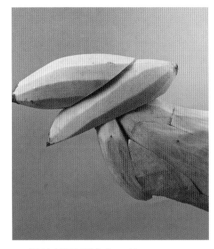

3. 把头部羽毛接高一些。

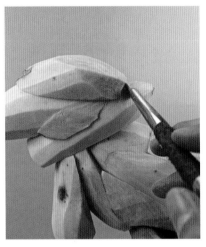

4. 用中号戳刀戳出额头位置。

5. 用笔画出头部大概形状。

6. 用中号戳刀戳出脸部。

7. 用主刀刻出嘴巴，并去掉下方
　　废料。

8. 用最小号拉刻刀刻出脸部绒毛大形。

9. 用主刀刻出颈部羽毛。

10. 注意干净整洁。

11. 把头部羽毛刻细。

12. 用最小的细线刀细刻腹部绒毛。

13. 再刻一只不同造型的锦鸡。

14. 刻出头部。

15. 依次刻出颈部羽毛。

16. 头顶羽毛刻细。

17. 用最小的细线刀把背部绒毛刻细。

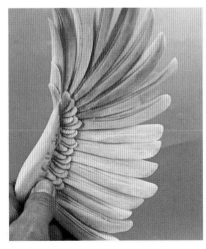

18. 刻出翅膀。

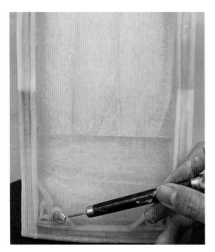

19. 准备好底座。

20. 上下各放一只锦鸡。

21. 组装上尾巴。

22. 分别装上两只锦鸡的尾巴。

23. 再分别装上翅膀。

24. 可以喷上颜色。

25. 装上牡丹花。

26. 牡丹花特写。

27. 翅膀特写。

28. 局部特写。

29. 调整好角度即可。

30. 其他造型。

31. 其他造型欣赏。

32. 注意细节特征。

33. 上色后的效果。

公鸡头部

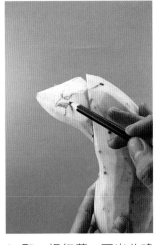

1. 取一根红薯，画出公鸡头部大形。

2. 去掉嘴壳上方废料。

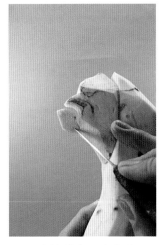

3. 再去掉嘴壳下方多余废料。

4. 粘接出鸡冠大形。

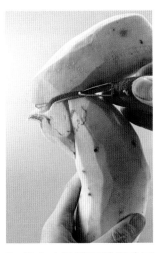

5. 用中小号戳刀戳出鸡冠跟头顶的分界线。

6. 用中小号拉刻刀刻出嘴角位置。

7. 用中小号拉刻刀刻出嘴角绒毛大形。

8. 用中号戳刀戳出眼眶。

9. 用中小号拉刻刀刻出头顶绒毛。

10. 用中小号拉刻刀刻出嘴角的肉皮。

11. 用最小的细线刀刻出眼睛。

12. 用最小的细线刀把头顶绒毛刻细。

13. 用最小的细线刀细刻出耳朵位置的绒毛。

14. 用笔画出鸡冠大形。

15. 用主刀去掉多余废料。

16. 用主刀刻出嘴巴的缝隙，并取出嘴巴缝隙的废料。

17. 粘接出肉垂大形。

18. 用中号拉刻刀刻出肉垂线条。

19. 再粘接出右边肉垂大形。

20. 粘接出脖子毛发大形。

21. 用U型戳刀刻出毛发大形。

22. 细刻出毛发即可。

23. 可以将鸡冠喷上红色色素，使其更加仿真。

胸有成竹——公鸡

1. 准备两个芋头。

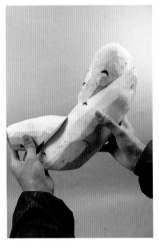

2. 粘接出尾巴。

3. 把头部修窄。

4. 公鸡的头部很小。

5. 在头顶粘接出一块原料。

6. 用中小号戳刀戳出公鸡的头部轮廓。

7. 用中小号拉刻刀刻出肉垂。

8. 脸部一定要很紧凑。

9. 用最小的细线刀刻出眼睛。

10. 粘接出一块原料，准备雕刻肉垂。

11. 用中号拉刻刀刻出肉垂大形。

12. 用主刀细刻出肉垂轮廓。

13. 用中号拉刻刀刻出腹部羽毛。

14. 再用中号拉刻刀刻出背部绒毛大形。

15. 用中号拉刻刀加深背部线条。

16. 粘接出公鸡的翅膀。

17. 粘接出大腿。

18. 将脖子上的羽毛刻细。

19. 用中号拉刻刀刻出翅膀第一层羽毛大形。

20. 用最小的细线刀将第一层羽毛刻细。

21. 用主刀刻出第二层羽毛。

22. 用主刀刻出长羽毛。

23. 用笔画出鸡冠形状。

24. 刻出鸡爪大形。

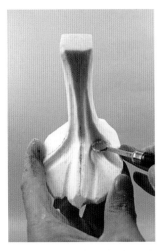

25. 用中号拉刻刀刻出三个脚趾的大形。

26. 用主刀将脚趾分开。

27. 去掉废料。

28. 用主刀刻出脚趾上面的老皮。

29. 用竹扦戳出肉垫上的老皮。

30. 用竹扦或者铁丝把公鸡支撑起来。

31. 组装上尾巴，注意要有长短层次。

32. 装上墙面。

33. 把鸡冠喷成红色。

34. 调整好公鸡的位置。

35. 可以在墙上放两只麻雀。

36. 公鸡头部特写。

37. 把墙皮和墙砖的颜色区分开。

38. 装上牡丹花。

39. 可以点缀一只小蝈蝈。

40. 根据情况，可以喷上一些颜色。

41. 上色后的尾部效果。

42. 上色后的成品效果图。

针锋相对——公鸡

1. 取一些白萝卜，粘接出身体大形。

2. 刻出身体大形。

3. 分出身体羽毛的大形。

4. 粘接出脖子上的毛发。

5. 去除毛发废料。

6. 注意毛发的层次要飘逸。

7. 把肚子的毛发刻细。

8. 线条要柔。

9. 装上鸡头，画出鸡冠大形。

10. 再粘出翅膀大形。

11. 刻出翅膀上的羽毛。

12. 粘上飞羽。

13. 公鸡的翅膀要稍微短一些。

14. 再刻一只反方向的公鸡。

15. 刻出翅膀粘接的衔接点。

16. 画出鸡爪大形。

17. 分出前面三个脚趾的位置。

18. 取出大形。

19. 公鸡爪子可以适当粗一些。

20. 刻出老皮。

21. 头部特写。

22. 翅膀特写。

23. 两只尽量紧凑一点。

孔雀头部

1. 取一根胡萝卜，用主刀去掉下嘴的废料，定出三角形的头部大形。

2. 用大号拉刻刀在头顶中间刻一刀，定出头骨的位置。

3. 用主刀切出头部的长度。

4. 用中号拉刻刀将眼眶做得深一些。

5. 用中号拉刻刀刻出整个眼包的轮廓。

6. 用中小号拉刻刀刻出嘴角。

7. 去掉嘴角下方多余的废料。

8. 用中号拉刻刀刻出眉骨的位置。

9. 用最小的绒毛刀刻出下眼皮。

10. 用绒毛刀刻出鼻孔里面的废料。

11. 用绒毛刀刻出脸部细小的绒毛。

12. 装上头羽即可。

国色天香——孔雀

1. 取两根白萝卜，粘接出孔雀身体。

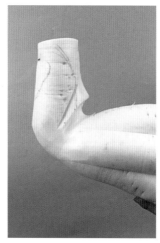

2. 另取一根萝卜，粘接出孔雀的脖子。

3. 用笔勾画出脖子轮廓。

4. 用中号戳刀戳出脖子的弧度。

5. 另取一段胡萝卜，粘接在头部。

6. 用小号拉刻刀刻出鼻孔。

7. 用中小号拉刻刀将脸部绒毛大形刻出来。

8. 用中号戳刀戳出身体羽毛的大形。

9. 用主刀刻出脖子的羽毛。

10. 注意腿部羽毛的长短层次。

11. 再刻一只母孔雀的大形。

12. 用同样的方法粘接出嘴巴。

13. 母孔雀的尾部比较短。

14. 取废料的时候要适当深一些。

15. 用胡萝卜粘接出站立爪子的大形。

16. 再细刻出上面的老皮。

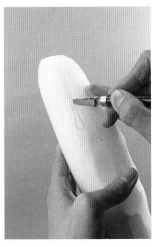

17. 取一个白萝卜，用画线刀刻出尾部羽毛的羽茎。

18. 刻出椭圆图案。

19. 刻出羽毛大形。

20. 两边处理方法一样。

21. 将羽毛片下来。

22. 用主刀将羽毛刻细。

23. 两边处理方法一样。

24. 注意它的层次感。

25. 另取一个白萝卜，准备
    雕刻侧羽。

26. 去掉废料。

27. 刻画出侧羽的羽茎。

28. 往斜下方向拉出侧羽的
    大形。

29. 将侧羽取下来。

30. 将羽毛开叉，使其更加
    仿真。

31. 刻出尾羽的羽茎。

32. 两边往斜下方向，拉出
    羽毛大形。

33. 将尾羽取下来。

34. 细刻两边的羽毛。

35. 尾部羽毛呈半圆状。

36. 用一些废料粘接出尾部
    轮廓。

37. 依次从后往前粘接上尾部羽毛。

38. 局部特写。

39. 注意叶子形状。

40. 爪子特写。

41. 调整好爪子的动态。

老鹰头部

1. 取一个红薯，用笔画出
老鹰头部的中心线。

2. 往下修出弧度。

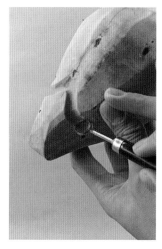

3. 刻出额头位置。

4. 两边各削一刀，将嘴巴
刻薄。

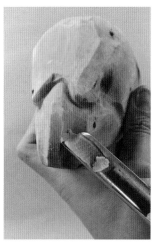

5. 用U型戳刀在嘴上戳一
刀，使其更加坚硬有力。

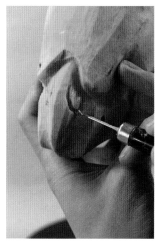

6. 用小号拉刻刀刻出鼻孔。

7. 用笔勾画出嘴壳的轮廓。

8. 粘接出下嘴。

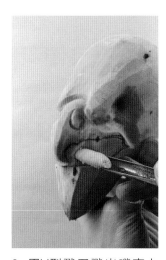

9. 用U型戳刀戳出嘴壳上
凸出来的地方。

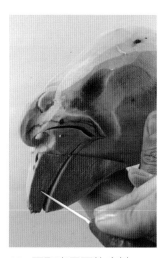

10. 再取出里面的废料。

11. 拉出老皮的分界线。

12. 去掉嘴巴下方的废料。

13. 在嘴角三分之一处，拉出绒毛的位置。

14. 刻出嘴角绒毛的大形。

15. 留出舌头的位置。

16. 老鹰的眉骨尽量刻深一些。

17. 将眼睛后方的羽毛刻细。

18. 嘴巴尽量掏空，才会显得老鹰更加凶猛。

19. 刻出头上羽毛。

20. 再挑出鼻孔的废料即可。

闭嘴鹰头

1. 取一个红薯，用中号U型戳刀戳出老鹰额头位置。

2. 用主刀刻出头部两边的宽度。

3. 用中号U型戳刀戳出眼眶位置。

4. 再用主刀将下巴刻窄一些。

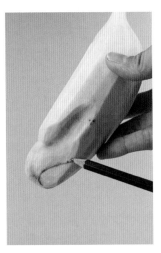

5. 画出嘴壳大形。

6. 去掉下嘴的废料。

7. 粘接出头部羽毛。

8. 用中小号拉刻刀刻出眉骨位置。

9. 用中小号拉刻刀刻出嘴壳老皮的线条。

10. 画出鹰嘴的缝隙。

11. 用中小号拉刻刀刻出嘴角。

12. 用主刀刻出嘴巴的缝隙，并去掉嘴巴缝隙的废料。

13. 用中小号拉刻刀刻出下
嘴毛发大形。

14. 用小号拉刻刀刻出鼻孔。

15. 用最小的细线刀刻出
眼睛。

16. 用最小的细线刀刻出眼
睛后方的毛发。

17. 刻出头顶的羽毛。

18. 刻出羽茎。

19. 细刻出全部羽毛即可。

鹰击长空——老鹰

1. 取一个白萝卜。

2. 粘接出老鹰的头部。

3. 削掉一刀，使其侧头更加明显。

4. 粘接出老鹰的头部羽毛。

5. 另取一截萝卜，粘接出大腿。

6. 再粘接出一个弯曲的大腿。

7. 用戳刀戳出身体羽毛的轮廓。

8. 另取一截红薯，粘接出老鹰头部大形。

9. 老鹰张嘴的时候，舌头要尽量贴近下嘴。

10. 刻出身上的羽毛。

11. 大腿的地方可以粘接一些细长的羽毛。

12. 戳出羽茎。

13. 用小号V型戳刀戳出身体羽毛的羽茎。

14. 用主刀刻出其他地方的羽毛。

15. 老鹰的嘴巴里面要空一点。

16. 用主刀刻好全身羽毛。

17. 再取一块红薯。

18. 用主刀刻出前后脚趾的大形。

19. 用中小号拉刻刀将脚趾分开。

20. 再粘接出两边脚趾的大形。

21. 用主刀刻出趾甲。

22. 用主刀去掉下方的废料。

23. 注意脚趾的位置要错开。

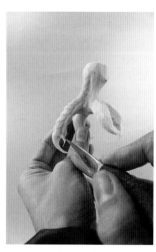

24. 再用主刀细刻出脚趾上面的老皮。

25. 将爪子装在大腿上面。

26. 调整好角度。

27. 将身体装在芦苇上面。

28. 粘接出老鹰翅膀，用中号拉刻刀刻出翅膀内侧的弧度。

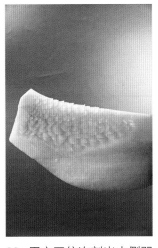

29. 用主刀依次刻出内侧羽毛的细节。

30. 用主刀刻出飞羽的大形。

31. 用主刀将羽毛两边修薄。

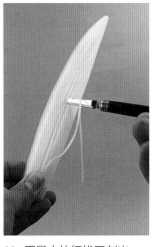

32. 用最小的细线刀刻出羽茎。

33. 定型即可。

34. 装上飞羽。

35. 控制好飞羽的长短层次。

36. 再刻一个翅膀。

37. 依次粘接出飞羽。

38. 注意角度。

39. 将老鹰装在底座上面
即可。

40. 局部特写。

41. 翅膀特写。

42. 嘴巴特写。

浴火重生——凤凰

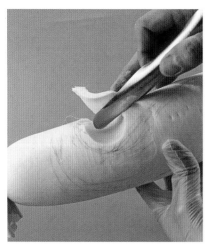

1. 取一根白萝卜，用大号U型戳刀戳出脖子弧度。

2. 用主刀刻出脖子的羽毛。

3. 用主刀继续刻出大腿上的羽毛。

4. 取一截青萝卜，画出背鳍大形。

5. 取一截胡萝卜，粘接出凤凰头部大形。

6. 用拉刻刀刻出背鳍。

7. 用主刀刻出嘴巴。

8. 再粘接出肉垂。

9. 用主刀刻出肉垂的图案。

10. 肉垂可以尽量夸张一些。

11. 装上头羽。

12. 装上腹部的羽毛。

13. 尽量飘逸一些。

14. 装上翅膀大形。

15. 用中小号拉刻刀刻出第一层绒毛，线条一定要柔。

16. 再刻出第二层羽毛。

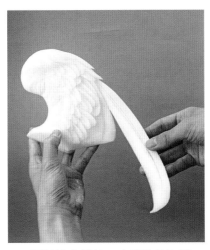

17. 再粘接出另外一个翅膀的飞羽。

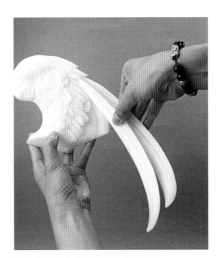

18. 羽毛的方向是从右至左。

19. 根部要逐渐变短一些。

20. 再刻出另外一个翅膀。

21. 飞羽要细长一点。

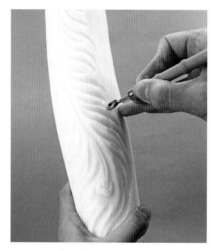

22. 取一根萝卜，并用小号拉刻刀刻出尾巴羽茎。

23. 再用中号拉刻刀往斜下方向刻出羽毛大形。

24. 用青萝卜贴出凤眼。

25. 再刻一些火苗。

26. 刻出两个凤爪。

27. 再装上凤爪。

28. 身体特写。

29. 尾巴特写。

30. 成品效果。

31. 也可以根据实际需要，组装成其他的造型。

龙头

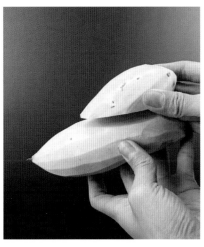

1. 取一根红薯，粘接出龙头的额头部分。

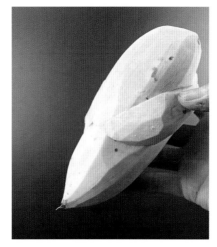

2. 再把眼睛两边粘接宽一些。

3. 粘接出鼻子大形。

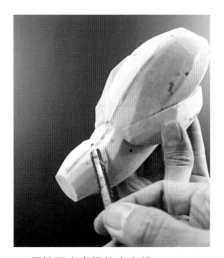

4. 用笔画出鼻梁的中心线。

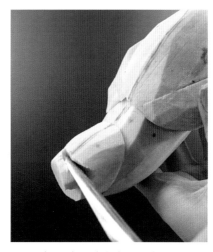

5. 用中号戳刀戳出鼻子的长度。

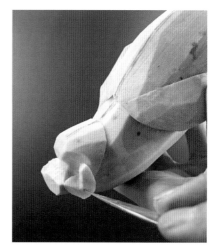

6. 用主刀刻出鼻翼大形。

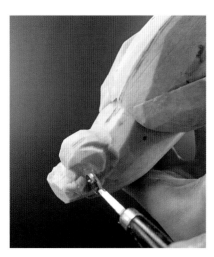

7. 用中号拉刻刀刻出鼻翼的轮廓。

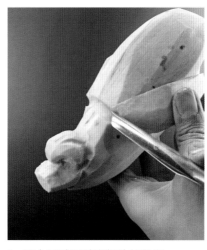

8. 用中号戳刀戳出额头的位置。

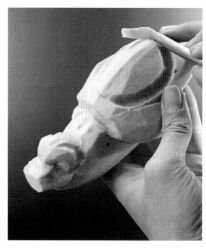

9. 用中号戳刀戳出头顶宽度。

10. 用中小号拉刻刀刻出鼻梁。

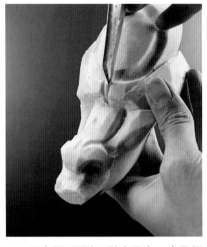

11. 用中号V型戳刀戳出眉心，会显得更加凶猛。

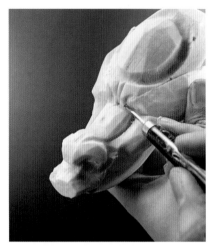

12. 用最小号拉刻刀刻出眉骨。

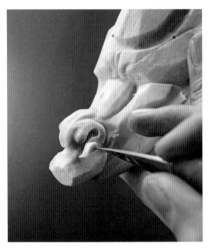

13. 用主刀将鼻孔刻空一点。

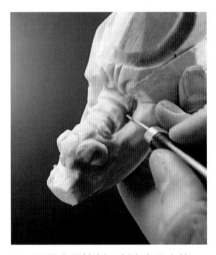

14. 用最小号拉刻刀刻出鼻子上的线条。

15. 用最小号拉刻刀刻出龙须的位置。

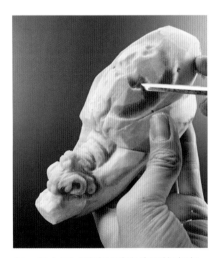

16. 用小号U型戳刀戳出头顶的疙瘩。

17. 用笔画出眼睛的轮廓。

18. 用最小号拉刻刀刻出眼睛。

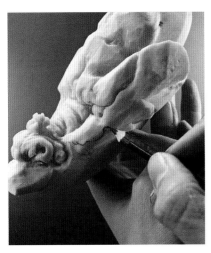

19. 用笔画出嘴唇的线条。

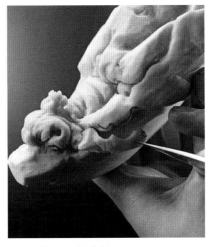

20. 去掉下面的废料。

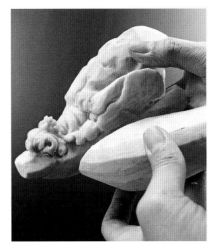

21. 重新粘接出脸部肌肉。

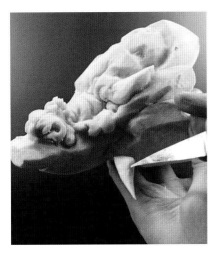

22. 装上牙齿。

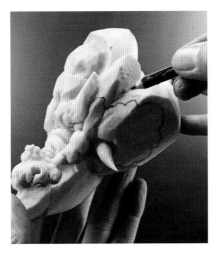

23. 画出肌肉轮廓。

24. 去掉后面的废料。

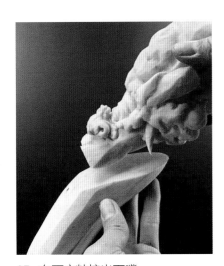

25. 在下方粘接出下嘴。

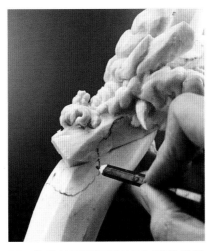

26. 龙头的下嘴可以比上嘴稍微长
　　一些。

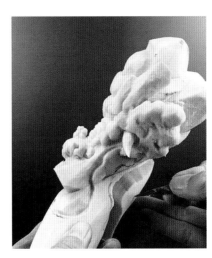

27. 去掉下方废料。

28. 定出下嘴的长度。

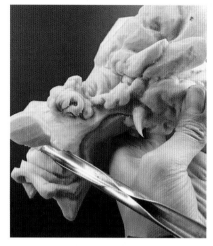

29. 用戳刀戳出舌头的位置。

30. 拉出水刺毛发。

31. 把线条刻细。

32. 刻出水刺的流线。

33. 粘出下嘴的胡须。

34. 刻出龙角的大形。

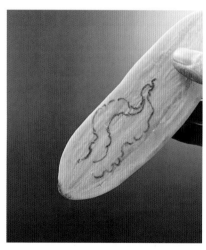

35. 用笔画出耳朵，可以夸张一点。

36. 去掉多余的废料。

37. 取出耳朵里面的废料。

38. 装上龙角即可。

王者风范——龙

1. 用胡萝卜粘接出龙身大形。

2. 将身体继续加长。

3. 将身体棱角去掉。

4. 用拉刻刀刻出背鳍腹甲的位置。

5. 粘接出大腿位置。

6. 依次刻出鳞片。

7. 戳出羽茎。

8. 装上背鳍大形。

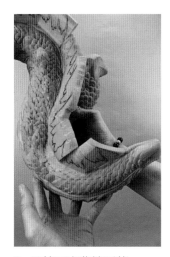

9. 用笔画出背鳍形状。

10. 去掉废料。

11. 将背鳍刻细。

12. 再粘接出尾巴大形。

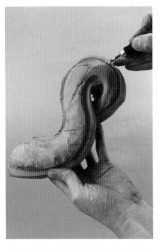

13. 用中小号拉刻刀刻出背鳍线。

14. 用主刀刻出龙爪大形。

15. 用主刀去掉多余废料。

16. 粘接出中间脚趾的位置并画出脚趾大形。

17. 用主刀去掉下方废料。

18. 再粘接出两边脚趾。

19. 用竹扦扎出脚掌的粗糙老皮。

20. 用主刀刻出大腿上的鳞片。

21. 用中小号拉刻刀刻出脚趾之间扯开的老皮。

22. 用中小号拉刻刀刻出小肌肉。

23. 用大号U型戳刀戳出额头。

24. 用中号戳刀戳出鼻子的长度。

25. 用主刀刻出鼻翼大形。

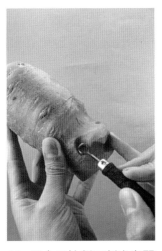

26. 用中号拉刻刀刻出鼻翼轮廓。

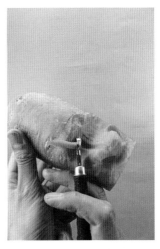

27. 用中号拉刻刀刻出眼眶位置。

28. 用中号拉刻刀刻出鼻梁。

29. 用中小号拉刻刀刻出眼睛。

30. 用主刀细刻头顶的毛发。

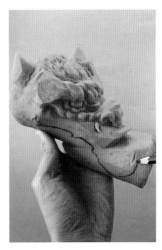

31. 再粘接出下嘴。

32. 在眉毛上方粘出小刺。

33. 再装上胡须。

34. 再取一块料刻出龙角。

35. 刻出耳朵大形。

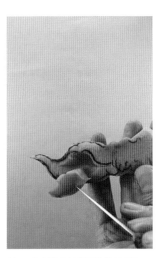

36. 去掉耳朵里面的废料。

37. 用白萝卜粘接出水浪
大形。

38. 刻出浪柱的线条。

39. 用拉刻刀刻出大概层次。

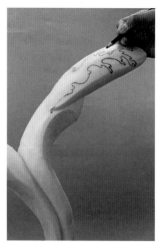

40. 画出浪花大形。

41. 去掉废料。

42. 再粘接出一些小的水花。

43. 可以多装一些水花。

44. 装龙的身体。

45. 装上龙头。

46. 再装上龙头的毛发。

47. 装上水浪。

48. 装上龙爪。

49. 尾巴特写。

50. 龙头特写。

51. 装上配件即可。

马头

1. 取一截红薯，切出头部宽度。

2. 用中号戳刀戳出鼻孔的分界线。

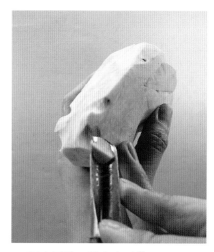

3. 用中号戳刀戳出鼻孔位置。

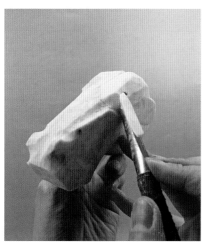

4. 用中号戳刀戳出鼻梁骨。

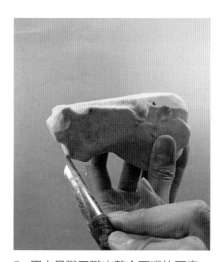

5. 用中号戳刀戳出整个下嘴的厚度。

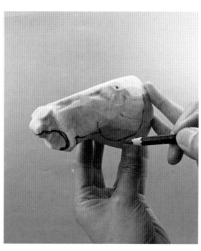

6. 画出脸部轮廓。

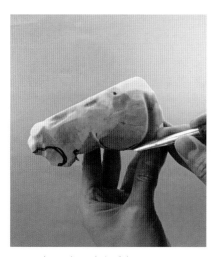

7. 用中号戳刀戳出脸颊。

8. 用中小号拉刻刀刻出张嘴的弧面。

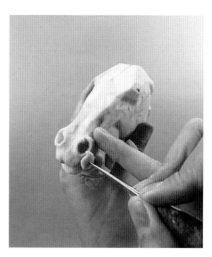

9. 用主刀取出鼻孔里面的废料。

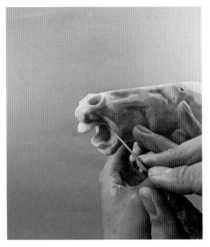

10. 用主刀刻出牙齿大形。

11. 用主刀细刻出牙齿。

12. 用中小号拉刻刀刻出粗糙的嘴唇。

13. 用中小号拉刻刀刻出眼睛。

14. 用中小号拉刻刀刻出脸部肌肉。

15. 粘接出耳朵大形。

16. 去掉耳朵里面的废料。

17. 打磨光滑即可。

一马当先——马

1. 准备好一些红薯。

2. 粘接出身体大形。

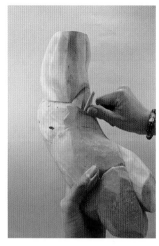

3. 再粘接出脖子。

4. 用U型戳刀戳出身体轮廓。

5. 画出后腿大形。

6. 用中小号拉刻刀刻出后腿的腿筋。

7. 再用中小号拉刻刀细刻出蹄子上面的毛发。

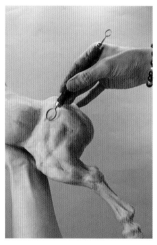

8. 再细刻出后腿的肌肉。

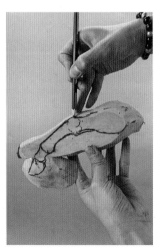

9. 画出另一个前腿大形。

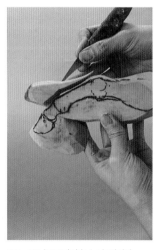

10. 用主刀去掉上方废料。

11. 再去掉下方废料。

12. 用主刀将腿骨刻细。

13. 用中号戳刀戳出马蹄。

14. 再用中号戳刀戳出腿筋。

15. 用中小号拉刻刀刻出蹄子上的毛发。

16. 用中号拉刻刀刻出胸肌的轮廓。

17. 再刻出另外一个后腿。

18. 组装上后腿。

19. 调整马头的角度。

20. 身体一定要够强壮。

21. 画出尾巴大形。

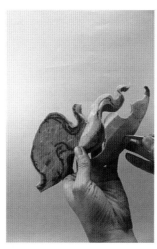

22. 去掉多余废料。

23. 刻出尾巴大形线条。

24. 细刻出毛发线条。

25. 粘接出底座大形。

26. 刻出假山的层次。

27. 跟底座装在一起。

28. 装上鬃毛即可。

麻姑献寿

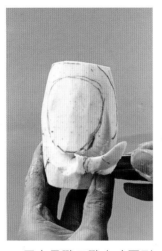

1. 取一截芋头，画出侍女脸部的轮廓。

2. 用中号戳刀戳出鸡蛋形状的脸。

3. 用中号戳刀戳出脖子的宽度。

4. 用中小号戳刀将脸部轮廓刻标准。

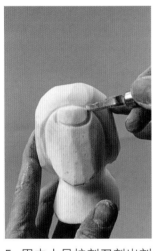

5. 用中小号拉刻刀刻出刘海的轮廓。

6. 去掉下方的废料。

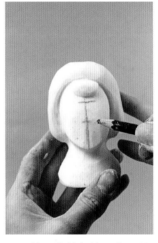

7. 用笔画出侍女的三庭五眼。

8. 用中号戳刀戳出眼睛位置。

9. 用中小号拉刻刀由上至下刻出鼻梁。

10. 用中小号拉刻刀刻出眼睛。

11. 用最小号拉刻刀刻出嘴巴的缝隙。

12. 用中小号戳刀戳出下巴。

13. 用砂纸把脸部打磨光滑。

14. 注意嘴巴不要太大。

15. 刻出头发。

16. 头发要有扭动感。

17. 头发尽量刻细一点。

18. 取一截芋头。

19. 粘接上头部。

20. 粘接出手臂的大形。

21. 戳出腰部。

22. 侍女的腰部要细一点。

23. 戳出大腿位置。

24. 去掉废料。

25. 把裙摆粘接长一点。

26. 去掉臀部上方的废料。

27. 侍女的后背尽量刻薄一些。

28. 在裙摆的边沿从上至下戳一刀。

29. 去掉多余废料。

30. 粘接出左手臂。

31. 粘接出右手臂。

32. 背面效果。

33. 用主刀刻出袖口的面。

34. 去掉废料。

35. 用中小号拉刻刀在手臂跟胸部的分界线处刻一刀。

36. 定出腰带的位置。

37. 戳出裙摆衣纹。

38. 背面效果。

39. 衣服飘动的方向要统一往一个方向。

40. 用笔画出衣领位置。

41. 用主刀刻出衣领。

42. 将脖子刻细。

43. 从上往下戳出挤压褶。

44. 用中小号拉刻刀刻出衣纹。

45. 用中小号拉刻刀刻出大小不一的纹路。

46. 用主刀刻出袖口褶皱的翻卷。

47. 取出袖口废料。

48. 线条要流畅。

49. 细刻腰部衣纹。

50. 将裙摆边沿刻薄。

51. 取出里面的废料。

52. 注意裙摆的起伏。

53. 用小号V型戳刀戳出右手臂的挤压褶。

54. 用中小号拉刻刀细刻衣纹。

55. 用中号拉刻刀继续刻出裙摆的衣纹。

56. 去掉废料。

57. 打磨光滑。

58. 一般侍女高度为8个头高。

59. 刻出脚面衣纹。

60. 用芋头刻一些寿桃。

61. 粘接上葡萄。

62. 装上飘带。

63. 装上叶子。

64. 用白萝卜粘接出画卷的大形。

65. 用红薯粘接出画卷的边框。

66. 打磨光滑。

67. 取一截芋头，粘接出飘带的大形。

68. 从上往下戳一刀。

69. 转弯的地方用U型戳刀戳一下。

70. 取掉中间废料。

71. 可以多做一些褶皱。

72. 可以做成上下翻卷。

73. 取出中间废料。

74. 褶皱大小要分开。

75. 一直刻到飘带的尾端即可。

77. 再组装上飘带。

78. 配上云朵。

79. 组装上牡丹花即可。

80. 身体局部特写。

第三部分

部分作品欣赏

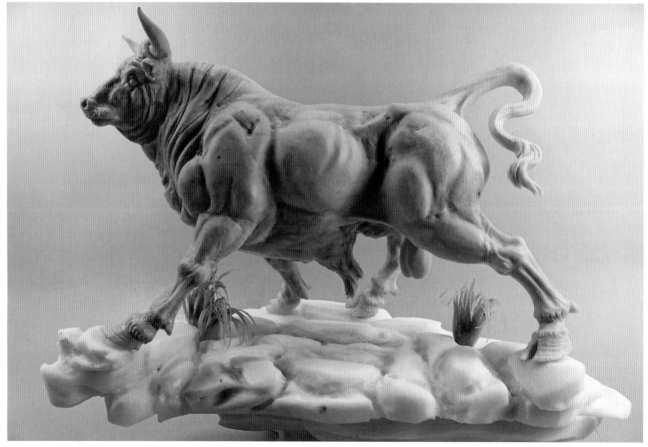